未小读
UnRead Kids

星之神话

世界最美星空故事集

[印] 安妮塔·加内里 著

[英] 安迪·威尔克斯 绘

空桐 译　杨丹 校译

北京联合出版公司
Beijing United Publishing Co.,Ltd.

目录

☆天鹅座☆

法厄同与天鹅

古希腊传说

北天星群中闪耀着一只壮美的天鹅，它伸着长长的脖子，两只翅膀舒展开来。很久很久以前，这只天鹅曾是一个生活在凡间的人类；而今，它滑翔在银河中，永永远远。

太阳神赫利俄斯宏伟堂皇的金色宫殿矗立在天边。每当黎明时分，夜空渐亮，群星隐没，赫利俄斯驾着光芒万丈的太阳战车，冲出宫殿大门，驰骋着穿越天空，再次照亮了整个世界。四匹烈焰火马拉着战车，光芒四射，耀眼到无法直视。

赫利俄斯的凡人儿子法厄同，每天看着父亲驰骋着穿越天穹。一天，他向父亲请求："父亲，求求您了，让我也驾一驾您的战车，哪怕一天也行！"赫利俄斯摇摇头，炽热

的双眼注视着儿子："你这个愿望我不能满足！对你而言，穿越天穹的道路太危险。一开始，天路陡峭无比，马儿们几乎攀不上去；接着，它陡然升至高空，高到我的心脏都会震颤，恐惧万分；最后，它俯冲向下，稍有差池便会一头栽入海中。除了驾驶太阳战车，向我提其他要求都行！"

但法厄同不听，多年以来，他一直都在等待这一天。而日出之时已到，眼见黎明之门徐徐打开，玫瑰色的霞光洒向世界。赫利俄斯不得不答应。战车套上四匹火马，法厄同握紧缰绳，疾驰而去，开心得忘乎所以。

突然，灾祸降临，四匹火马平常习惯了强力的驾驭，于是挣脱束缚，在天上狂奔起来。战车猛然转向，从高空俯冲而下，又从低空迅速拔高。战车贴地飞驰，点燃大地。山脉爆发火焰，河流湖泊干涸，沙漠一片焦黑，森林只剩白地。法厄同被火马拖拽着，恐惧万分，赶紧向众神求助。

众神知道，要想拯救大地，必须立即行动。威严的宙斯抓起一道霹雳射向太阳战车，车被击成碎片。法厄同浑身着火，从高空跌落，葬身深深的河底。

法厄同最好的朋友西格诺斯得知这一噩耗，在河边搜寻了好几天，终于发现了破碎烧焦的太阳神战车。他一次次潜入水中，但无论怎么努力，都无法潜至深处寻到法厄同的尸体。精疲力竭的西格诺斯悲痛欲绝，在河边为死去的朋友痛哭。法厄同的姐妹们也赶到了岸边，她们哭啊哭啊，一直哭到身体化为杨树，眼泪凝成金色的琥珀。

伟大的宙斯被悲痛的西格诺斯感动，出现在他面前："如果我把你变成天鹅，你就能潜到更深的水底，游水能力比任何人都强，但你从此不能再变回人类的模样。"

西格诺斯默然，心里想着永远像天鹅一样生活会是什么样。这时，他回忆起亲爱的朋友，于是郑重地答应了宙斯。西格诺斯站立水边，嘴变成圆喙，白羽掩盖头发，脖子变得又细又长，胳膊变成强有力的翅膀，脚长成扁扁的红蹼。这次，西格诺斯一头扎进汹涌的水流，游得轻松自如，迅速又小心地带回了法厄同的尸体。

宙斯一直在天上注视着，为西格诺斯的自我牺牲分外感动。他把西格诺斯置于星空之上。从此，西格诺斯穿行遨游在银河里，唱着悲伤的天鹅之歌，纪念着法厄同。时至今日，人们仍能看到大地上的天鹅会将纤细的脖子探入水中，而河的两岸，白杨树依然高高地矗立着。

☆飞马座☆

白翼飞马

古希腊传说

　　星群间，闪耀着一匹展翅高飞的神马——珀伽索斯。它载着无畏的英雄踏上险途，它为众神之王运送雷电。每当飞马座升入天空，便预示着雷暴之季将降临希腊。很久很久以前，它的故事发生在波吕得克忒斯国王的国度里。

　　多年来，珀尔修斯一直住在波吕得克忒斯国王的宫殿中，受到热情款待，他迫切渴望回报国王。在一场向国王致敬的盛宴上，珀尔修斯承诺带回美杜莎的头颅，作为无上的礼物献给国王。即便是对最伟大的英雄来说，这也不是件容易的事。因为美杜莎是可怕的怪物，长着青铜利爪、鳞片满布的翅膀和野猪般的獠牙。更糟糕的是，美杜莎的一头蛇发如火焰般摇曳着、发出咝咝的声响，任何直视她的人都会马上变成石头。

是雅典娜将美杜莎和她的两个姐妹变成了怪物。现在，雅典娜也会助珀尔修斯一臂之力，她赐予珀尔修斯一双带翅膀的魔法鞋、一把镰刀、一顶隐形头盔、一面锃亮的青铜盾牌，还有一条忠告。

她建议珀尔修斯："千万不要直视美杜莎，只能看她的倒影。"

珀尔修斯航行至西洋尽头，来到通往地下世界的入口。岩浆从地面又黑又深的裂缝中喷涌而出，空气中弥漫着硫黄浓重的恶臭。那些无意踏足此地的游客成了遗骸，站立在四周，如阴森恐怖的石雕般一动不动。在这个可怕的地方，珀尔修斯发现了美杜莎的藏身之处。

珀尔修斯一直等到美杜莎姐妹们睡去，才穿上魔法鞋，飞到美杜莎上方。他举起盾牌，在镜面中仔细瞄准这怪物的倒影，然后闪电般挥出镰刀，割下了美杜莎的头。美杜莎的姐姐们怒吼着一跃而起，但珀尔修斯早就戴上隐形头盔、拎着头颅逃走了。美杜莎的血泊中冒出了两个魔法生灵，一个是手持金剑的战士克律萨俄耳，另一个就是闪耀着光芒、鬃毛如雪花般飘扬的白马珀伽索斯。

珀伽索斯展开羽翼，翱翔天际，从不疲倦。一次，它降落在赫利孔山，马蹄一踏上地面，就给大地带来了春天。九位掌管音乐和诗歌的缪斯女神踏春而来，开始歌唱，弥散在空气间的歌声是如此美妙，大地、海洋和天空静默无言，专注倾听。歌声甚至让雄伟的赫利孔山飘向空中，珀伽索斯只好以马蹄将其踏回地面。

多年以来，利西亚国一直被怪物——半狮半羊半蛇的奇美拉——带来的恐惧笼罩着，它口吐火焰，烧毁村庄。绝望的国王派出伟大的英雄柏勒罗丰去消灭怪物。之前，从没有人能接近奇美拉，更别说还能活着回来讲述战斗的经过。幸好，雅典娜再次出手相助，她出现在柏勒罗丰的梦中，给了他一条闪闪发光的金色缰绳。当柏勒罗丰醒来时，他惊讶地发现，缰绳就握在自己手中。他在山溪边找到白翼飞马，甩出缰绳套住飞马，跳到马背上。飞马轻声低鸣，展开轻柔的白色翅膀，马蹄踏开云层，直冲云霄。

柏勒罗丰驾着飞马穿越天空，来到怪物的洞穴里。飞马向奇美拉俯冲，柏勒罗丰迅速将长矛刺入怪物的咽喉，就这样，奇美拉被杀死了。为了表达感激之情，利西亚国王授予柏勒罗丰无上的荣誉，并赏给他很多礼物。然而，随着柏勒罗丰名声越来越大，他越发地骄傲起来，觉得自己可以同众神平起平坐。一天，柏勒罗丰给珀伽索斯套上金色缰绳，飞往众神奥林匹斯山的宫殿，那里从不许人类踏足。宙斯大发雷霆，决定给他一个教训。宙斯派出一只牛蝇，让它在飞马耳边嗡嗡叫嚷、叮咬它、折磨它，致其发狂。飞马立起，柏勒罗丰从马背上摔落下来，掉到了地面的荆棘丛里，狼狈不堪。

至于珀伽索斯，它展开洁白的双翼，继续飞往奥林匹斯山，住进了宙斯的神马厩。日复一日，它为宙斯运送霹雳，忠心地为众神之王效力。最终，为了奖励珀伽索斯的忠诚，宙斯将它变成星座，而且是天空中最大的星座之一。传说，就在它置身繁星中的那一天，一根洁白的羽毛轻轻地飘落于大地。

☆白羊座☆

金羊毛

古希腊传说

　　仔细观察夜空，你会看到三颗明亮的星星，它们组成了白羊座。这只公羊有着卷曲的犄角。许多个世纪之前，人们指着这些星星，讲述一群了不起的英雄在海上寻找神奇羊毛的故事。

　　很久以前，阿塔玛斯国王与他的妻子云朵女神涅斐勒，一起统治着希腊中部的维奥提亚王国。国王夫妇有一对双胞胎孩子——哥哥佛里克索斯和妹妹赫勒，但他们的婚姻并不幸福。不久，阿塔玛斯爱上了底比斯公主伊诺，于是抛弃涅斐勒另娶了伊诺。国王宠爱新婚妻子，不幸的是，伊诺却妒恨着两个继子女，整日算计想要彻底除掉两个孩子。

一天晚上，她命令仆人在粮仓下生火。珍贵的种子被火焰烤焦了，种到地里很快便腐烂了，整个国家没有了收成。民众绝望地向国王求助。

阿塔玛斯国王忙派遣使者去德尔斐神庙向祭司求教。在那里，阿波罗神通过女祭司指示使者他们该怎么办。一天又一天，饥荒越来越严重，阿塔玛斯和百姓们焦急地等待着答复，邪恶的伊诺却在谋划一场阴谋。使者从德尔斐返回时，伊诺在路上截住他，贿赂他说谎。当使者回到阿塔玛斯时，他告诉国王：

"陛下，您必须将儿子献祭给众神，否则人民将会饿死。"

惊恐的阿塔玛斯流下了痛苦的眼泪，丝毫不敢质疑阿波罗的神谕。第二天早上，国王怀着沉重的心情，带着佛里克索斯登上了拉斐斯顿山顶，山顶终年被云层覆盖，高高在上，俯瞰着王宫。佛里克索斯顺从地跪下，阿塔玛斯举起剑，痛苦地向众神献上最后的祈祷。

然而，他的剑根本砍不到佛里克索斯的脖子。原来，涅斐勒避开国王的耳目，一直在空中看护着她的孩子们。就在剑刃劈下时，涅斐勒拨开云层，放出一只雄壮非凡、长着翅膀的纯色金毛公羊。

佛里克索斯跳上羊背，招呼妹妹赫勒也骑上来。金羊向东方飞去，将兄妹俩带向遥远的科尔基斯。他们的故事本该有个完满的结局，不幸的是，当公羊飞到海洋上空时，赫勒没抓牢丝滑的羊毛，坠落到下方的巨浪中。

悲痛欲绝的佛里克索斯继续飞向科尔基斯，为了纪念妹妹以及表达对宙斯的感激，他将公羊献给了宙斯。宙斯将公羊放回星空中原有的位置。至于金光闪闪的羊毛，佛里克索斯则献给了埃厄忒斯国王，国王很高兴，将女儿嫁给了他。

从此，金羊毛成了埃厄忒斯最珍贵的宝物。国王举办盛大的仪式，将金羊毛安放在神木林中一棵古老橡树的树枝上，不知过去了多少年，金羊毛依旧挂在那里，声名传遍四海。

金羊毛的消息传到希腊，约尔科斯国王珀利阿斯做梦都想得到它。但珀利阿斯的王位来得名不正言不顺，他无情地夺走了哥哥埃宋的王位，放逐了埃宋及其儿子伊阿宋。从那以后，他整天为自己的恶行感到不安。一天，焦虑无比的珀利阿斯决定向先知求教。

"提防只穿一只鞋的男子！"先知警示他。

很多年过去了，珀利阿斯时时刻刻都在想着先知的警示。有一次，为了致敬海神波塞冬，国王举办了比赛，各地的运动员和观众蜂拥而至，想要夺回权位的伊阿宋也在其中。珀利阿斯一眼就认出了他的侄子，因为伊阿宋只穿了一只鞋子——他在途中帮一位老妇人过河时弄丢了另一只。他想起先知的警示，于是向伊阿宋承诺，只要伊阿宋去往科尔基斯，并带回传说中的金羊毛，就把王位归还给他。

接下来的几个月里，在智慧与战争女神雅典娜的指引下，伊阿宋开始建造一艘大船。这是有史以来最好的船，取名"阿尔戈号"。众神送来了崭新的木材。船帆猎猎飘扬，成排的桨叶壮观地码放在侧。大船建好后，伊阿宋从希腊最优秀的勇士中挑选船员，其中包括赫拉克勒斯、柏勒罗丰和俄耳甫斯——他们都是伟大的阿尔戈英雄。

伊阿宋带着阿尔戈勇士们乘船出航，前往科尔基斯，历经艰难险阻，终于到达了菲涅斯国王的宫殿。他们请睿智的老国王提些建议，菲涅斯答应告诉他们如何前往科尔基斯。"但是，"他说，"我首先需要你们的帮助。长着女人脑袋的凶猛怪鸟哈比正在祸害我的王国。怪鸟从我的子民手中抢走食物，还啄瞎他们的眼睛。它们会带来饥荒和死亡，终将毁了我们。"

话音刚落，一群哈比鸟就怒气冲冲地尖叫着，从高空俯冲而下，向阿尔戈英雄们发起进攻。可它们根本不是英雄们的对手，被驱赶到了遥远的海上。

心怀感激的菲涅斯国王履行了承诺。他对伊阿宋说："要到达科尔基斯，你们必须先穿过撞岩。只要有船穿过撞岩间的峡谷，两座巨大的灰色悬崖就会撞到一起，挤碎那条船。"菲涅斯国王接着说，"要躲过这个灾难，你们可以先放出一只鸽子，让它飞越悬崖间的峡谷，诱使撞岩猛烈合拢。当悬崖重新打开时，阿尔戈勇士们，你们必须在撞岩重新合拢之前，竭尽全力划船，全速通过。"

"阿尔戈号"到了撞岩，伊阿宋按照国王的建议，先放出一只鸽子。鸽子安全飞过了撞岩，只被夹掉了几根尾羽。阿尔戈勇士们紧跟其后，奋力舞桨，也穿过了峡谷。

又航行了几个月，"阿尔戈号"终于来到科尔基斯，伊阿宋前往拜见埃厄忒斯国王。国王耐心地听伊阿宋讲明来意，但压根不打算放弃珍贵的金羊毛。他告诉伊阿宋，如果真的想要金羊毛，就必须完成三个任务。面对三个无法完成的任务，伊阿宋夺回王位的梦想似乎已经破灭，而众神再次向他伸出援手。他们让国王的女儿——女巫美狄亚爱上了伊阿宋，美狄亚愿意尽己所能地帮助他。

伊阿宋的第一个任务是驾驭一对会喷火的公牛犁地。这两头公牛桀骜不驯，它们吼叫着喷出烟火，奔雷般的牛蹄差点儿踩扁伊阿宋。伊阿宋喝下美狄亚给他的魔法药水，这样就不会被公牛喷出的烈焰灼伤，他竭尽全力，这才驯服了两头可怕的野兽。

接着，伊阿宋必须在刚耕好的土地里播种龙的牙齿。在阳光的照耀下，龙牙种子很快便破土而出，长成了一群好斗的武士。

他们人多势众，伊阿宋似乎在劫难逃，但我们的英雄并没有放弃。他环顾四周，发现脚下有一块石头，于是灵机一动，捡起石头扔进对方的军队中。士兵们不知石头从何而来，互相猜疑，自相残杀，伊阿宋则趁乱迅速溜走了。

伊阿宋的勇气已得到充分证明，但还有一个更致命的任务在等着他——从神木林的橡树上偷走金羊毛。这绝非易事，因为一条从不休眠的龙昼夜看守着羊毛。它如蛇一般盘踞在树干上，时刻保持警惕，永不知疲倦。伊阿宋想要避开它的耳目拿到金羊毛，是万万不可能的。美狄亚以巫术占卜，让伊阿宋请来音乐大师俄耳甫斯，在七弦琴上演奏舒缓的催眠曲。果然，这野兽被美妙的音乐迷住，闭上眼沉沉睡去。

最终，伊阿宋取得金羊毛，驾驶"阿尔戈号"起航回家。他重获王位，还娶了美狄亚为妻。英勇伴他同航的阿尔戈勇士们则继续着新的冒险。伊阿宋忠诚的航船"阿尔戈号"也位列星班，直到今天，南船座还一直航行在星海中。

☆大犬座和小犬座☆

狗与狐狸

古希腊传说

每当夜幕降临，你能看到天上有两只猎犬，一大一小，奔跑着穿越夜空。那只大狗，是传说中不停追捕猎物的莱拉普斯。小的那只其实是狐狸，它逃得飞快，注定永远不会被捉住。

莱拉普斯取名自强大的暴风，它是如此矫捷，没有什么猎物能逃脱它的追捕。神界和人间的猎人，都渴望拥有这只"飞毛腿"神兽，但它只属于众神之王宙斯。后来，宙斯把这只狗作为礼物赐给了克里特女王欧罗巴，欧罗巴又把它转送给儿子米诺斯。一次，国王米诺斯跟妻子发生争执，被她下了很可怕的诅咒。一位名为普罗克里斯的公主救下米诺斯，为了表示感激，米诺斯就把狗送给了普罗克里斯，另外还送给她一支百发百中的金色长矛。这些丰厚的礼物非常合普罗克里斯的心意，打猎可是她最爱的消遣，她开心极了。

几年后，普罗克里斯嫁给了一位名叫刻法洛斯的男人，他是神的儿子，也是英俊的英雄。普罗克里斯把最珍贵的财产——神奇长矛和猎犬作为结婚礼物送给丈夫。他们一起到森林打猎，猎犬每次都能抓住猎物，长矛也总能击中目标。因此，他们捕获了数不清的鹿、野兔和野猪。但好景不长，悲剧发生了——在一次打猎时，刻法洛斯被一阵嘈杂声吓到，于是本能地掷出长矛。一片死寂中，他眼睁睁地看着长矛击中了心爱的妻子，普罗克里斯倒在地上，很快就死了。

刻法洛斯为妻子的死自责不已，悲痛折磨着他，他到处流浪，最后抵达了底比斯。在那里，他听说有一只可怕的狐狸正在乡村肆虐，袭击村民，吃掉羊群，没人能抓到它、杀死它。为了赎罪，刻法洛斯决心帮助村民们。他与当地的猎人一起，将田野用网围起来，希望能把那只野兽缠住。但狡猾的狐狸跃到空中，逃出了陷阱。猎人放出狗群，但这只狐狸注定不会被捉住，没多久，那些狗就筋疲力尽，追不动了。

莱拉普斯早就迫不及待跃跃欲试了，刻法洛斯松开它，它脚下生风，离弦之箭般追了上去，刻法洛斯登上旁边的山顶，观看这场角逐。他确信莱拉普斯很快就能把狐狸扑倒捉回。但每次莱拉普斯赶上狐狸，狐狸都逃脱了。莱拉普斯步步逼近，眼看就要抓住狐狸了。

但是，跟之前一样，莱拉普斯大张双颌咬下去，狐狸再次逃脱，可怜的猎狗只咬到了稀薄的空气。分分秒秒，日日夜夜，猎狗始终在追捕目标，狐狸却永远不会被捉住，这场竞赛永无尽头。为结束大地上这场无休止的追逐，宙斯将狗和狐狸都变成了石头，放在星空中，成了大犬座和小犬座。

☆ 大熊座和小熊座 ☆

卡利斯托和阿卡斯

古希腊传说

大熊座位于北方夜空最耀眼的地方，是第三大星座，这只母熊一直凝视着她的小熊崽（小熊座）。它们历尽艰辛，终于重聚，永远不再分离。

从前，森林里有一位美丽的精灵名叫卡利斯托，她是伟大的狩猎女神阿耳忒弥斯的侍女。她跟女神一样，身着白衣，手持弓箭，忠实地跟随阿耳忒弥斯在森林中四处寻猎野生动物。一天，众神之王宙斯看到了在树荫下休息的卡利斯托，立刻就爱上了她。不久，卡利斯托生下一个儿子，名叫阿卡斯。但是，卡利斯托的爱情触犯了阿耳忒弥斯的禁忌，被迫在树林里独自生活。

宙斯的妻子赫拉得知此事，无比愤怒。她一心报复，发誓要将卡利斯托变得丑陋

无比，这样宙斯就不会再爱她了。赫拉在森林里找到卡利斯托，把她狠狠摔倒在地。卡利斯托伸出双臂求饶，她身上开始冒出浓密的黑毛，娇嫩的双手双足变成巨大的爪子，脸庞长出血盆大口。她张嘴呼喊求助，甜美的嗓音变成了哀怨低沉的吼声——卡利斯托变成了熊。

之后的十五年，卡利斯托在森林里东躲西藏。她曾是猎人，如今却变成猎物，怀着恐惧四处逃亡。一天早上，卡利斯托听到熟悉的声音，是猎人在靠近。他们将网绑在树间，卡利斯托被困住了，一位年轻人用箭对准她。她立刻认出这是自己的儿子阿卡斯，卡利斯托喊着阿卡斯的名字向他奔去。不幸的是，阿卡斯不知道这是他的母亲，他看到听到的，只是一只巨大的熊吼叫着朝他笨拙地走来，像是要攻击他。男孩害怕得拉开弓，准备射击那双目透亮的野兽……

阿卡斯正要放箭，就在这时，命运转变了。众神之王宙斯将他变成一只小熊，阿卡斯这才听懂母亲的呼喊。宙斯抓住它们的尾巴，将其升上天空。从此，它们平静地生活在星群之中。这就是大熊座和小熊座的故事。

☆武仙座☆

赫拉克勒斯的十二项功绩

古希腊传说

赫拉克勒斯是最伟大的希腊英雄，他手握巨棍，半跪在群星之中，闪耀着光芒。他的体格和力量远超凡人，因立下赫赫之功，被他的父亲宙斯安放在星空上。

半人半神的赫拉克勒斯是宙斯与阿尔克墨涅的儿子。阿尔克墨涅是一位聪明美丽的凡人女子，她与宙斯的恋情令宙斯的妻子赫拉极为嫉妒。赫拉克勒斯一出生，赫拉就恨透了他。他日益增长的力量和勇气让宙斯倍感骄傲，而妒火中烧的赫拉则发誓要让他生不如死。赫拉曾几次试图杀死他，有一次，她放出两条巨蛇袭击躺在婴儿床上的赫拉克勒斯，镇静的赫拉克勒斯赤手空拳抓住蛇，将蛇一一掐死。

青年赫拉克勒斯与底比斯国王的女儿墨伽拉结婚，生了两个孩子，赫拉克勒斯深爱着他们。赫拉看到报仇的机会来了。她念动咒语使出法术，可怜的赫拉克勒斯发起疯来，杀死了妻儿。清醒过来后，赫拉克勒斯被自己的可怕行为吓坏了，他悲痛欲绝，逃到德尔斐，求教先知如何才能赎罪。

先知谕示："你必须为迈锡尼的国王欧律斯透斯效劳，限期十年，无论他让你做什么事，你都得做。"

于是，赫拉克勒斯去到迈锡尼，把自己的命运交到国王手中。不幸的是，国王受赫拉指使，他要求赫拉克勒斯必须完成十项任务，以作为惩罚。这些任务看起来都是绝对完不成的。如果赫拉克勒斯能完成，他将免于罪责。如果他如赫拉所愿失败了，就将永受折磨，不得安息。于是，赫拉克勒斯踏上了凶险的征程，前往已知世界的每个角落。

第一个任务，是去杀死尼米亚那头恐怖的狮子。它有普通狮子的两倍大，没有任何武器能刺穿它坚韧的狮皮。赫拉克勒斯手持坚实的棍子与其英勇搏斗，但狮子毫发无损，再凶猛的攻击都伤不到它。赫拉克勒斯灵机一动，将狮子逼回巢穴，空手勒死了它，然后用狮爪剥下它自己的皮。后来，这头狮子被宙斯升到空中，成为狮子座。

赫拉克勒斯把尼米亚坚不可摧的狮皮披在肩上当作斗篷，来到了勒拿的沼泽。丑陋的九头蛇海德拉，正在那里捕食路人。赫拉克勒斯展开攻击，但九头蛇每被砍下一个头，就会又长出两个头。在侄子伊俄拉俄斯的帮助下，赫拉克勒斯用燃烧的树枝封住九头蛇每一个流血的脖子，不让蛇头重新长出。他一剑砍下九头蛇的最后一颗头，这蛇头永生不死，不停扭转蠕动，赫拉克勒斯将它埋在巨大的岩石下。后来，蛇头被放置在星空中，成为长蛇座永存于世。

接下来，欧律斯透斯命令赫拉克勒斯去抓捕两种从未被捕获过的动物——一只长着金角的巨鹿和一头长着可怕獠牙的野猪。据说那只鹿跑起来比箭还快，赫拉克勒斯追了它整整一年，追遍整个希腊，最后巨鹿疲惫不堪，这才投降。而那头全希腊最大的野猪，赫拉克勒斯一直追到厄律曼托斯山巅的雪堆，才让它无处可逃。

赫拉克勒斯的第五项任务是前往埃利斯，奥吉亚斯国王的牛圈。牛圈里养着埃利斯上千头最好的牛，这地方多年没有清洗过，到处都是厚厚的粪便，臭气熏天。赫拉克勒斯与国王达成协议，如果他能在一天之内把牛圈清理干净，就可以得到一些牛。但即便是赫拉克勒斯这样的豪杰也无法独立完成任务，于是他快速地在院子里挖了一条通向附近两条河的水渠。奥吉亚斯看着河水涌进水渠，贯穿牛圈，将污物一冲而走，感到难以置信。

第六个任务，赫拉克勒斯被派往乌烟瘴气的斯廷法利斯湖，那里盘踞着一群食人鸟，它们长着锐利的爪子、青铜的喙，锋利的金属羽毛如利箭一般。它们吞食人类，破坏庄稼，随处便溺，污染大地，整个国度笼罩在恐惧中。赫拉克勒斯并不怕它们，他走向凶悍的鸟群，但地面太湿软，无法支撑他的体重。雅典娜女神再次现身，交给赫拉克勒斯一对铜铃。他摇动铜铃，铜铃发出了极为可怕的声音，食人鸟被吓得四处逃窜。赫拉克勒斯用沾着九头蛇毒血的箭，瞄准食人鸟，把它们射得一只不剩。

接下来的四个任务，再次考验了赫拉克勒斯的狩猎和战斗能力。在克里特岛，他俘获了一头可怕的、到处肆虐的凶猛公牛。之后，他又前往色雷斯，擒住一群吞食人

肉的马。接下来，他来到亚马孙人的土地上，那里有一位统领着强大女战士的女王，赫拉克勒斯偷走了她的魔法腰带。最后，他航行到世界尽头，找到美杜莎的孙子——三头巨人革律翁，赫拉克勒斯用一支箭射穿了革律翁的三个头，将他杀死，然后抢走他的牛群，将牛赶回了希腊。

十项任务全部完成后，赫拉克勒斯急切地回到欧律斯透斯国王那里，要求赦免。但是屈从于赫拉的国王拒绝遵守诺言。"你作弊了！"他怒吼道，"伊俄拉俄斯帮你杀死了九头蛇，此外，你清洗牛圈还索要了报酬。"

作为惩罚，国王向赫拉克勒斯布置了两项更加致命、艰巨的任务。首先是从赫拉的山间花园里偷走金苹果。这棵苹果树由一条百头巨龙守护着，这条龙盘绕在树干上，唯一能够接近这条龙的，是被迫永远扛着天空的巨人阿特拉斯。

见到阿特拉斯，赫拉克勒斯抓紧机会提出，只要阿特拉斯为他取回苹果，他就帮忙扛一会儿天空。结果，阿特拉斯把金苹果带回来后，却拒绝接回沉重的天空。赫拉克勒斯立刻想出对策，他说："没关系，你一定很累了。给我点儿时间，让我调整一下斗篷。"于是阿特拉斯重新把天空扛回肩上，赫拉克勒斯趁机赶紧溜走了。

在第十二次，也是最后一次的任务中，国王派遣赫拉克勒斯深入地下世界，去抓捕凶猛的三头犬刻耳柏洛斯。这只地狱猎犬守卫着通往冥界的大门，防止迷失的灵魂离去。死神哈迪斯允许赫拉克勒斯带走这只野兽，但不能使用任何武器。赫拉克勒斯用狮皮斗篷保护自己，将三头犬摔倒在地，边打边拽，一直拽到欧律斯透斯的宫廷中。

国王很恼怒，他从没想过赫拉克勒斯还能活着回来。这次，他只能履行诺言，很不情愿地赦免了赫拉克勒斯的严重罪行，让他再次成为自由人。后来，我们的英雄赫拉克勒斯获众神赐予永生，他在奥林匹斯山上取得了神位，站在父亲宙斯的身边。随后，他飞升到北天，成为武仙座。

☆仙女座☆

安德洛墨达和海怪

古希腊传说

秋天的夜空中，星群勾勒出一位美丽的女子，她就是被拴上铁链，献祭给海怪刻托的王室公主安德洛墨达，刻托潜伏在她附近，也就是鲸鱼座。她未来的丈夫——英勇的珀尔修斯也在旁边，他将出手挽救她的性命。

安德洛墨达是埃塞俄比亚的克甫斯国王和王后卡西奥佩娅的女儿，以美貌闻名。国王对女儿的爱细腻无声，王后却很虚荣，四处吹嘘自己的女儿比海中仙女涅瑞伊得斯还要美丽。涅瑞伊得斯戴着红珊瑚头冠，穿着海沙般洁白长袍，纤美玲珑，终日陪伴在海神波塞冬身边。

波塞冬听到王后肆无忌惮的大话，怒火中烧。为了教训她，波塞冬唤来恐怖的海

怪刻托，它长着可怕的大嘴，身体蜷曲、裹着银鳞。刻托受命去摧毁埃塞俄比亚的海岸，它掀起海浪，引发洪水，淹没土地。恐惧绝望的民众向国王求助。于是，克甫斯向先知求教，恳求众神给他指引。

先知说："要拯救你的王国，只能把你女儿献祭给刻托。"

伤心欲绝的国王别无选择，他只能按照先知的谕示去做。国王的妻子痛苦懊悔，眼睁睁地看着国王命人将安德洛墨达拴在海中的岩石上。安德洛墨达轻轻啜泣，无奈赴死。

就在那时，伟大的英雄珀尔修斯穿着众神赐予的飞鞋路过。他刚刚斩杀了美杜莎，正在回家途中，看见如大理石雕像般静默的安德洛墨达，微风拂动着她柔软的头发。珀尔修斯被她的美貌迷住，对她的困境很是同情，便去问她叫什么名字。起初，安德洛墨达不敢说话，眼里盈满了泪水，后来，她还是向珀尔修斯倾诉了自己悲惨的故事。故事还没说完，可怕的灰色头颅从海中升起，接着是鳞片闪亮的脖颈，海怪刻托分开波涛，挟着巨浪，如巨轮般向她冲来。

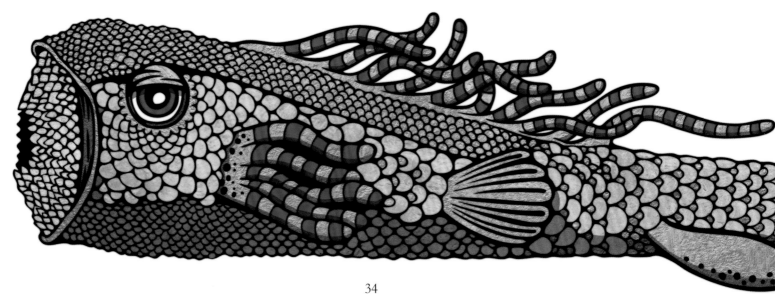

安德洛墨达吓得尖叫起来，珀尔修斯拔出剑，向可怜巴巴抱着岩石的国王、王后喊道："把女儿嫁给我吧，我会把她从海怪手里救出来！"

　　此刻，海怪近在咫尺，安德洛墨达已经闻到它恶臭而令人窒息的呼吸。珀尔修斯立即俯身，将剑刺入怪兽覆满藤壶的身体。受伤的刻托发出震耳欲聋的吼声，直立起身躯，转而攻击珀尔修斯。怪兽恐怖的大嘴一次又一次咬来，英雄珀尔修斯一次又一次飞掠逃开。趁怪兽流血过多、疲惫不堪，珀尔修斯给了它致命一击。最后，刻托跌入海中，沉入海底，不见踪影。珀尔修斯解开安德洛墨达，宣布要娶她为妻。

　　没多久，珀尔修斯和安德洛墨达无比幸福地结婚了，他们举办了盛大的乐舞盛宴。婚宴上，珀尔修斯给客人讲述杀死蛇发女妖的经历，宴会厅顿时炸开了锅。国王的兄弟菲纽斯跳出来大声叫嚷，声称要跟安德洛墨达结婚的是他而不是珀尔修斯。珀尔修斯闪电般取出美杜莎的头颅，将菲纽斯变成了石头。

　　离别的时刻到了，安德洛墨达向父母告别，跟随珀尔修斯前往希腊。他们生了许多孩子，过着幸福的生活，国家也长治久安。安德洛墨达和珀尔修斯死后，众神将他们升上天空，变成星星，这也是英仙座和仙女座的由来。他们在母亲卡西奥佩娅的仙后座旁，明亮地闪耀着，而可怕的刻托再也威胁不到他们了。

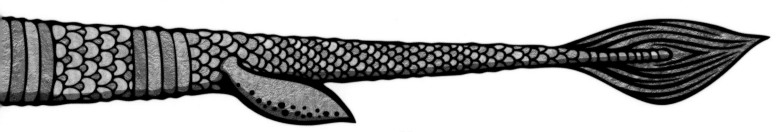

北极熊和三位猎人

因纽特传说

自有时间以来，因纽特猎手就对伟大的纳努克十分敬畏。纳努克是一头白色的北极熊灵，它决定着狩猎是否能满载而归。为此，因纽特人向熊灵献祭各种武器以表敬意。白天，纳努克用毛茸茸的爪子滑过冰面，到了晚上，它在星群中奔跑，超越一众追赶者，闪耀着穿过星空。

从前，在遥远的北方，一个女人离开丈夫和家，到冰面上跟北极熊一起生活。北极熊对她很好，它们猎到海豹，就把肉带来给她吃。然而，随着四季更替，日子一天天过去，女人感到越来越孤独，她怀念从前的生活，想念家人，渴望回去探望他们。北极熊很不情愿地答应了，但有一个条件：不得告诉任何人曾与它们生活在一起，也不能让别人知道它们的秘密家园。女人郑重地许诺，开心地起程回家了。

刚开始，一切相安无事。直到有一天，熊群看到了远方可怕的景象：猎人们乘着狗拉雪橇跨过雪原奔驰而来。女人违背了诺言，把熊群置于险境。熊群逃过了猎人的长矛，猎人又放出五只饿得口水直流的猎狗追捕它们。熊王纳努克突破围堵，在冰面上越跑越快。狗群不要命地追赶，一直追到世界的尽头，掉进天穹里。直到今天，闪耀的北极熊依然被群星——围猎而来的饥饿狗群环绕着。

过了好些天，四个猎人发现了夜空中闪烁的北极熊。他们勇敢地往上爬呀爬，眼看就要够到熊了。黑暗中，猎人们握紧长矛，加速追赶。这时，一位猎人的手套掉了，穿过深邃的黑暗，落到了遥远的地面。

猎人发现手套掉了，吃力地爬回地面，他的三位朋友则继续追赶。这样一来，他成了唯一回到营地的猎人，其余三个猎人则变成三颗星星，永远留在了天空中。因纽特人把他们称为乌拉克图特，即其他民族眼中的猎户座腰带三星，分别是参宿一、参宿二和参宿三。仔细看的话，在三颗星下面，你还能看到猎人们的孩子，他们帮父亲拿着温暖的驯鹿皮衣服，自己却在黑夜中越跑越冷。

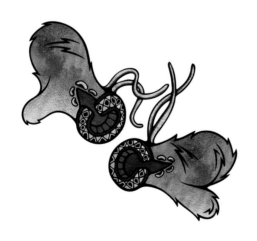

☆太阳☆

祖母蜘蛛和太阳

切罗基传说

许多故事都在讲述太阳每天横贯天空的旅程，而切罗基人的故事，则追溯了太阳点亮前的黑暗时期，以及一群动物如何给世界带来光明。

一开始，世界初生，黑暗笼罩一切。人和动物艰难地生活着。天气寒冷，他们过得很痛苦，什么都看不见，总是撞到彼此。森林深处，动物们聚集在一起，它们必须得做点什么！

这时，黑暗中响起一个低沉的声音，是熊。"我听说过一种东西叫作太阳，它散发着光芒，还很温暖。现在它被锁在地球的另一端，而守护它的人过于贪婪，不愿分享。或许，我们可以偷一块过来？"

所有的动物都点头，赞成这是个好主意。但是，谁去偷太阳呢？谁敢去做这么大胆的事？大多数动物躲在树林里观望，只有几位勇士挺身而出。第一个偷太阳的是狐狸，它踮着柔软的爪子，悄悄爬到了藏匿太阳的秘密地方。狐狸一动不动地等待着，直到无人看守，抓起太阳塞进嘴里，赶紧逃命。但太阳太热了，狐狸的嘴被烫伤了，不得不吐掉太阳。这就是直到今天所有狐狸的嘴巴都是黑色的原因。

下一个偷太阳的是负鼠。那时，负鼠长着毛茸茸的长尾巴。自满的负鼠偷偷溜到了狐狸掉落太阳的地方，用它华丽的尾巴稳稳地担起太阳往回跑。但太阳太热了，烧光了它尾巴上的全部毛发。和狐狸一样，它也把太阳扔掉了。这就是直到今天所有负鼠的尾巴都又长又秃的原因。

就在无望之际，祖母蜘蛛从灌木丛里爬了出来。尽管比其他动物都小，但它很聪明。"我能试试吗？"它问。于是，祖母蜘蛛用露水网织出精美的丝袋，这样，就不用徒手抓火球了。它找到太阳，小心翼翼地将它放进袋子里，拖了回来，自己一点儿也没受伤。动物们都很开心，但还有一个重要的问题——要把太阳放在哪里呢？

祖母蜘蛛知道答案："我们应该把太阳高高放在空中。这样，每只动物就都能看到它，享受它带来的光芒。"

这个主意太好了，动物们都赞成，但无论它们怎么蹦高，都够不着天空。这时，秃鹰展开巨大的羽翼俯冲而下。

它说："我比所有的鸟儿都飞得高，我来把太阳送上天空。"

于是，秃鹰将太阳放在头顶，那里的羽毛最厚，因为即便在丝袋内，太阳仍在燃烧。秃鹰开始飞翔，越飞越高，飞到了云层上。它飞得越高，太阳就越热，丝袋被烧穿了。即便如此，秃鹰还在不停地飞，越飞越高，它头顶的羽毛都被烧光了。即便头顶的皮肤被烫得发红，它还在坚持飞翔。最后，它抵达了天空的最高处，将太阳放在那里，让所有人都能看到。这就是今天有些秃鹰的脑袋又红又秃的原因。

阳光如同祖母蜘蛛编织的网在天空中洒开，世界沐浴在光明和温暖中，动物和人类欣喜若狂。秃鹰把太阳带上天空，备受尊重。直到今天，我们仍能看到它在太阳周围盘旋翱翔。

"渔夫"怎样带来夏天

阿尼什纳比传说

北斗七星由大熊座七颗明亮的星星组成，在不同地域人们的眼中，它的样子也不同——像犁、像平底锅，或像被猎人追赶的熊。北美一些部落则认为它是名叫"渔夫"的生物，尾巴上还挂着箭。

很久以前，世界被严冬笼罩，没有春天也没有夏天，没有阳光也没有温暖，只有冰天雪地，彻骨寒气。"渔夫"长得像狐狸，身材纤细苗条，尾巴软而多毛，住在白雪皑皑的树林中。"渔夫"身材矮小，性情凶猛，是个捕猎高手，它每天都要去猎一些松鼠来养活家人，因为它们又累又饿。但是风太大，雪太深，"渔夫"很长一段时间都一无所获。最后，"渔夫"发现了一只瘦小、瑟瑟发抖的松鼠。正当松鼠快被抓住时，它开口说道：

"伟大的猎人，别杀我。如果你放过我，我就给你点儿消息。照我说的做，你就可以把夏天带回世界。我们所有人都会有吃的，而你也会成为大家的骄傲。"

尽管被饥饿折磨着，"渔夫"还是仔细听取了松鼠的建议。它回到家，邀来所有朋友，告诉大家自己的计划：有个地方叫"天空大陆"，那是离大地最近的地方，那里的人们衣食无忧。在我们所有人饿死之前，我要登上"天空大陆"，把夏天带回来，结束这漫长而痛苦的冬天。

"渔夫"讲完后，朋友们欢呼雀跃，愿随同前去，助它一臂之力。"渔夫"选中它三位最强壮的朋友：水獭、山猫和狼獾，四位伙伴向白雪皑皑的原野进发了。它们在山上走了好些天，越爬越高，夜里把雪当被子盖着睡觉。天气越来越寒冷，风像刀一样刮伤了它们的脸。终于，它们爬上了顶峰，那里离天空很近，近得触手可及。此刻，它们得想办法突破最后的阻隔，登上阳光遍地的"天空大陆"。

"渔夫"说："我们轮流跳吧，谁先来？"

水獭第一个来，它一跃而起触到了天空，却无法穿过去。水獭跌回大地，靠它柔软光滑的肚皮一路滑到山脚。山猫第二个跳，第三个是"渔夫"，但它们力气太小，哪怕一个最小的洞都穿不透。

"渔夫"对狼獾说："现在轮到你了，你是我们四个里最强壮的。"

狼獾铆足了劲往上跳，猛烈地撞击天空。它一次又一次地起跳，不断冲撞着，终于，

撞出了一条裂缝。裂缝越撞越大，直到狼獾感到脸上拂过一阵暖风，它笑了。洞已经足够大了，它爬到"天空大陆"另一边，伙伴们一个接一个爬了过去。它们从没见过这么美丽的地方——天气晴朗，阳光灿烂，植物繁茂，花朵盛放。树木不是光秃秃的，而是长满叶子，结满各色果实。树上挂满笼子，里面住着颜色各异的鸟儿，它们的鸣唱响彻天空。"渔夫"把鸟儿都放了，它们穿过天空的裂隙，飞向大地。随后，四个伙伴努力把洞口撑大，让"天空大陆"的温暖洪水般浸漫大地，把雪融化成水滴，滋养鲜嫩的绿草发芽。

"空中大陆"的天人发现了"渔夫"它们四个，愤怒地追赶过来，想要阻止它们偷走珍贵的夏天。狼獾从天上的洞里逃出来，向"渔夫"大喊，让它跟上。但"渔夫"没有听它的，反而不顾越来越近的天人们，把洞扩得越来越大。这样天人们就没法封起洞口，大地也不会再次陷入寒冬。等到天人们追到它时，天空的洞已经大到能让夏天持续半年，但还不够一整年。天人为了阻止"渔夫"，疯狂地射出箭雨，致命的箭击中"渔夫"，它被射倒坠地……

"渔夫"再也没能回到大地。众神怜悯它，为了褒奖它为动物们做出的巨大牺牲，将它放置在星空中。一年四季，大家都能看到它，冬天降临时，它躺在地上，一旦春回大地，它就会重新站立起来。

☆银河☆

土狼祸乱星空

纳瓦霍传说

在美国西南部炎热的沙漠中，夜空披着满天星斗，铺满四面八方。天穹之下，纳瓦霍人建起霍根小屋，将毯子铺在地上，讲述有关星星的故事。

很久很久以前，大地刚刚被创造出来，纳瓦霍众神在霍根小屋中齐聚一堂。他们在天上画出太阳和月亮，把白天与黑夜分开。但他们发现，即便晚上有明亮的月光，夜空看上去仍是黑漆漆、光秃秃的。正当众神争论该怎么做时，黑神——火焰之神出现了。他一袭黑衣，戴着被圣火烧焦的鹿皮面具，额前一弯新月，嘴巴圆如满月，脚踝上镶着一簇闪烁的星星。众神从未见过星星，他们很好奇，问黑神那是什么。

黑神一言不发，慢慢地绕着木屋踱步。他走到北边，停下来使劲跺脚，脚踝上闪闪发光的星星就蔓延到膝盖。接着，他依次走到东边、南边和西边，每次都跺一跺脚。星星从膝盖跳到臀部，再到肩膀，最后跳到了太阳穴。直到今天，星星依然留在黑神的鹿皮面具上，骄傲地闪烁着。

众神惊呆了，欣喜地问道："这些亮晶晶的东西是什么？太美了！"

黑神回答："它们的名字叫星星。"

众神议论纷纷，迅速达成共识。他们请求黑神撒出更多的星星，好把黑漆漆的夜空装点得更加美丽。于是，黑神掏出一个随身携带的袋子，这袋子由顶好的小鹿皮制成，里面装满无数星星。他从袋中取出一颗晶莹剔透的星星，伸出手臂，小心翼翼地将它安上北天。这就是北极之火（北极星），它为旅行者指引着方向，助他们平安出行。

在北极之火附近，黑神安放了一男一女外形的星星，它们是"旋公公"和"旋婆婆"，永远围绕北极之火盘旋。它们的旋转轨迹勾勒出霍根小屋的模样，而小屋的中心就是北极之火。接着，黑神转向东方、南方和西方，在天空中装点出更多图案——双脚分开的男人、兔子的足迹、长角的响尾蛇——每个星座都精确而完美。之后，他按照自己太阳穴上的星图，也在天上放了一些星星。一次又一次，他伸手从袋中取出成千上万颗星星，以一种华丽的姿态，将它们撒在黑暗中。

黑神把星座铺满天空后，还在天上引火，照亮群星。众神赞叹不已——天空美极了。

正当黑神要坐下来欣赏自己的作品时，一心想要恶作剧的骗子土狼出现了。

土狼大喊着："你们做了什么？怎么没人问我的意见！你们应该等我来啊！"

黑神回答："你自己看看吧。我们已在天空中规划好星图，让人们获得指引。我们并不需要你帮忙。"

说完，黑神坐了下来，想把宝袋踩在脚底护着。

"我们走着瞧。"狡猾的土狼狂笑着，伸手夺走了袋子，它打开袋口，将剩余的星星抛向天空。成千上万颗星星四处散落，翻滚着，杂乱不堪。土狼笑了，它看向袋子里，发现还有最后一颗星星。

　　"这是我自己的星星。"它说着，然后模仿黑神，把手探向高空，小心地将那颗星星置于南方。"现在的天空才是真正的美。"

　　这就是星群变成今天这个样子的原因。黑神深思熟虑地安排星座，为大地上的人们带来有序的指引。而土狼却搅乱了整个星空，除了天狼星。对纳瓦霍人而言，夜空的有序和混乱，代表着生活本身就是在这两极中寻求平衡。

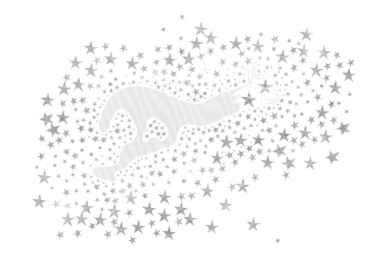

美洲驼之星

印加传说

在南美洲印加人看来，银河系婆娑的暗斑，是来星河中喝水的动物们。南十字星座和天蝎座之间，有两只美洲驼——满怀希冀的母亲和它吃奶的宝宝。美洲驼对印加人来说非常重要，牧民会为地上及天上的美洲驼献祭。

印加流传着一个古老的传说。古时候，大地上的人们变得残酷、贪婪。他们整天争斗、偷窃，顾不上照料田地庄稼和敬拜神灵。而唯一让人安心度日、敬拜神灵的地方，是在安第斯山高处，遍布岩石的山坡上。这里住着两兄弟，他们诚实勤奋，品德高尚，牧养着美洲驼。兄弟俩了解每一只美洲驼，就像了解他们自己一样。但近几天来，他们有点儿担忧——美洲驼看上去有些奇怪，它们不吃不睡，整夜悲伤地凝视着星星。兄弟俩深感困惑，要它们讲讲，到底出了什么事。

美洲驼回答："星星向我们警示，众神很愤怒。为了惩罚人们的恶行，神要发动一场猛烈的洪水，毁灭地球上所有的生物。"

兄弟俩立即将家眷和驼群转移到山坡高处的洞穴里，其他动物已经聚集在那里。他们藏起来没多久，前所未见的大雨就开始下了起来。郁积的雨云把白天变成黑夜。雷声轰鸣，闪电划过天空。大雨果真来临，兄弟俩知道美洲驼的预感成真了。他们从耸立的高峰往下看，河水冲垮了堤岸，吞没了可怜的人们，冲走了一切。

洪水不断上涨，美洲驼和两兄弟所在的山岭也奇迹般越长越高。但即便如此，洪水很快就漫到了洞口。更糟的是，他们的粮食越来越少。终于有一天，兄弟俩往洞外看去，发现雨已经停了，密布的乌云也散了。太阳神因蒂再次出现在天空中，他微笑着晒干洪水，洪水退去了。

山降回原来的高度，两兄弟和家人回到家园。后来，他们安居乐业，儿孙满堂。

星空中的美洲驼妈妈和宝宝，俯视着大地和人们，被人们奉为神灵。每天晚上，大地沉睡时，美洲驼就从天上下来，将海里的水喝掉，以免海水泛滥。人类在大地上四处安家，但美洲驼仍记得洪水肆虐的日夜，它们还是喜欢生活在地势较高的地方。

☆ 太阳 ☆

太阳神与蛇

古埃及传说

在古埃及，威武的太阳神——拉，是众神中最强大的。为表崇敬，埃及人传颂他的故事，讲述了他如何创造世界，如何每天航行在天空中，让太阳升起落下。

最初，埃及没有陆地，只有一片漆黑且无边的污水。后来，黑暗中慢慢升起一个发光的巨蛋，诸神之王——拉，破壳而出。拉一现身，太阳也第一次升入天空。接着，拉让第一阵风吹起，第一场雨落下。他创造了大地，将温和的天穹置于大地之上。他让尼罗河流经埃及，让大地肥沃滋润。最后，他创造了植物、动物和人类，让大地遍布生机。

拉做完这一切，便化作人形，成为埃及的第一任法老。千万年间，他贤明地统治人间，为人民带来大丰收，后人代代传颂着他。然而时间流逝，拉老了，人们不再遵守他的律令，反而残忍地嘲笑他。年岁无情，拉灰白的头颅开始颤抖，吃饭时，干瘪的嘴开始流口水。众神明白，只有知晓拉的秘名，才能夺取拉的王位，因为秘名蕴藏着拉的力量、过去、现在和未来。

于是，女神伊西斯想出一条诡计。她收集拉掉落在地上的唾液，然后和上水和泥制成黏土，再将黏土塑成蛇形，黏土蛇变成了第一条眼镜蛇。从那时起，蛇就成了王权的象征。趁没人注意，伊西斯将眼镜蛇藏在拉每天巡视王国必经的路旁。一天，拉路过时，眼镜蛇昂头咬伤了拉的腿。

致命的毒液在拉身体里流淌，拉痛苦地大叫。他一会儿发高烧，一会儿打寒战。他感到困惑不已，不正是他创造了大地万物吗？又怎么会被这个他未曾创造的生物伤害呢？在痛苦中，他呼唤医治之神赶紧来帮忙，众神立即赶来。伊西斯是第一个抵达的，她看到计谋得逞，露出得意的笑容。

她狡黠地说："伟大的父神，我会用魔力帮助您。但您得先告诉我您的秘名。只有在咒语中使用这个名字，我才能治愈你的伤病。"

深受疼痛折磨的拉向她说出了许多名字。

"我是天地的造物主、我是山脉的创造者、我是河流湖泊之源、我是光明与黑暗、我是天上燃烧的太阳……"

伊西斯听到后一言不发，任凭毒液在拉体内继续流淌。因为拉说的这些名字大家都知道，不是他的秘名，秘名仍藏在他心中。毒液更猛烈地燃烧起来，比任何火焰都可怕，拉不堪忍受大喊起来："好吧，我告诉你，愿我的神力秘名传入你心！"

伊西斯立刻念诵："神力秘名，消去毒液！"

拉的蛇伤治愈了，他从痛苦中解脱，得到安宁。尽管拉最终失去了对大地的统治权，但他到天上担任太阳神，直至今日。白天，他乘着金色的船，伙伴们簇拥着他，静静地在天空中航行，从黎明到黄昏，给世界带来光明。到了晚上，他在黑暗中驶离天空和人间，载着活人的祈祷和死者的灵魂，航行穿越冥界。在这里，他必须战胜他命中的大敌——魔蛇阿佩普，以及其仆从——一条巨大的鳄鱼，它们一起埋伏着，随时准备截断众神的航路。

每天晚上，战斗都会开启，失明的阿佩普盲目地来回摆动身体，试图催眠众神，然后吞噬他们。而众神总是有备而来。因为阿佩普一旦获胜，世界将陷入黑暗和混乱。他们用绳索和网子困住阿佩普，高喊出咒语来制伏它、消灭它。因此，每个夜晚，拉都会获胜并继续航行，待到次日，将太阳送入天空，为世界点亮新的一天。

☆猎户座☆

法老的不死灵魂

古埃及传说

　　猎户座在天空昂首阔步的身影，让世界各地的观星者都为之惊叹。在古希腊神话中，猎户座是一位非常厉害的猎人。而在古埃及，他是伟大的神明奥西里斯，主宰死亡和冥界。

　　很久很久以前，大地之神盖布和天空女神努特生了四个孩子——奥西里斯、伊西斯、塞特和奈芙提斯。大哥奥西里斯善良、睿智，因而被全能的太阳神拉任命为埃及法老。多年来，奥西里斯与美丽的伊西斯王后，公正有序地治理着国家，一改混乱无序与无法无德，建立了秩序与法制。他教人们有效地耕种、安定地生活，他的功绩赢得了众神和子民的爱戴与尊重。

但不是所有人都甘愿追随奥西里斯。他的兄弟塞特——风暴与混乱之神，对法老的声望和权力深感嫉妒，意图谋杀奥西里斯。当然，奥西里斯可一点儿都不傻，塞特必须谨慎行事，于是他决定为奥西里斯举办盛宴，感谢他为人民和国家所做的一切。

塞特在宴会上致辞："奥西里斯一心为民，孜孜不倦，他应有无上荣誉。"

这是埃及有史以来最豪华的盛宴。食物、酒水都美味至极。人们唱歌、跳舞、玩游戏，奥西里斯坐在宝座上，环视一切，喜笑颜开。酒足饭饱后，塞特大声拍手发出指令，仆人们抬出一个精致的箱子。箱子以馥郁的雪松制成，饰以华美的雕刻、闪烁耀眼的金箔，色彩绚丽，如同神造。

塞特露出一丝奸笑，向宾客们宣布："我为大家准备了最后的游戏，谁能躺进去，我就把这箱子送给他。"

大臣一个接一个地爬进箱子，每个人都渴望能拥有它。当然，他们都失败了。最后，奥西里斯决定试一下。箱子非常合身——毕竟这箱子是暗地里为他量身定制的。奥西里斯刚躺进去，塞特就发出胜利的欢呼，猛地把盖子合上并密封，命人把它扔进尼罗河。箱子顺流漂到地中海，最终被冲到岸上。正当全埃及都在哀悼诚实勤勉的法老时，塞特自己称王了。

丈夫受到塞特的迫害，命运凄惨，伊西斯为此伤心欲绝。整整一年，她四处寻找奥西里斯的尸身。一天，快要绝望的伊西斯在远处河岸上意外发现一棵柽树，这棵树

粗大而结实，包裹着那个箱子。伊西斯化身鸢鸟，绕着箱子飞来飞去，挥舞着金色的羽翼，高声唱着哀曲。她把箱子带回埃及，藏在沼泽茂密的芦苇中，箱子在阳光下闪闪发光，被塞特发现了。塞特心中的仇恨再次涌起，他狂怒地将奥西里斯的尸体从箱子里拖出，将其切成碎块，抛撒到遥远的旷野中。

"这就是他的下场！"塞特嘲笑道。

第二天早上，伊西斯回到沼泽地，准备为死者举行仪式，却发现尸体不见了。她再次化身为金翅鸟，飞到埃及上空，收集奥西里斯所有的尸体碎块。长着胡狼头的防

腐之神阿努比斯帮助她，艰难地把尸体拼起来。他们夜复一夜地忙碌，拼好了尸身，又用白麻布将其包裹成符合法老身份的木乃伊。伊西斯拍打着闪闪发光的羽翼，以强大的魔力，将生气注入丈夫的尸身，让他复活。

但是，若死者的灵魂在冥界停留过，便不能再留在活人的土地上。因此，太阳神拉任命奥西里斯为冥界之王。奥西里斯成了死亡与重生之神，他以身实证，即便死去也能重生。据说，他的灵魂飞到空中，变成了星座，映照着法老的安息之地——吉萨大金字塔。

☆ 南十字星座 ☆

星空中的长颈鹿

非洲桑人传说

夜幕降临，闪耀的星星点亮了非洲南部的天空。星群中，四颗明亮的星星组成了克鲁克斯星座，也就是"南十字座"。这个星座在南半球全年可见。数千年来，人们对这个星座的图案赋予了许多想象：有的将它看作十字架，有的将它看作猛扑而来的狮子，而茨瓦纳人把它看成长颈鹿伸长的脖子。这只长颈鹿来自大地，如今漫步在无垠的天空草原。

很久以前，世界还很年轻，天空是一个蓝灰色的岩石穹顶，笼罩着大地。白天，太阳跨越石穹；夜晚，星光透过岩石上的缝隙闪烁。那时，地上大大小小的动物，根据体形和才能，各司其职。狮子爪牙锋利，负责守卫；大象力量强大，负责搬运原木。很快，每只动物都有事可做，除了长颈鹿。长颈鹿没有特殊的才能，终日无所事事，

失落地看着天空。其他动物忙着干活儿，无暇顾及长颈鹿，因为它身材太高，又笨手笨脚，什么忙都帮不上。

其他动物很同情长颈鹿，绞尽脑汁帮它想，它到底能做些什么。终于有一天，它们想出一个绝妙的主意。它们注意到，太阳穿越天空时总是迷路，忽上忽下，忽左忽右，需要有人把太阳扶正，确保它沿着正确的弧形轨迹运行。长颈鹿很高，头总伸在云端，一定能派上用场，毕竟它腿长、脖子长，是这项工作的不二人选。于是，长颈鹿一刻也不耽误，立刻投入新工作。整整一天，长颈鹿盯着天空，指引太阳，确保它再也不会迷路。如果太阳偏离了轨道，长颈鹿就伸长脖子，在云层之上，轻轻推一下太阳。

有了使命，长颈鹿很开心，工作起来十分认真。它干得异常出色，因此赢得了最高荣誉：它变成了几颗星星，始终指着太阳的方向。非洲桑人把这个星座命名为"图特瓦"，即长颈鹿。夜间赶路时，非洲桑人会借助图特瓦辨认方向。图瓦特永远提醒着我们，每个人都具有与众不同的特长。

☆金牛座☆

吉尔伽美什与公牛

苏美尔传说

　　古苏美尔人在夜空中可以看到一个猎人——伟大的吉尔伽美什，他半人半神，是史上最伟大的国王。离他不远处，隐约可见一头巨大的天之公牛，它与国王战斗着，永不停歇。

　　众神创造了乌鲁克国王吉尔伽美什——三分之二是神，三分之一是人。他聪明强壮，也很骄傲自大。吉尔伽美什与挚友恩启都——曾经的敌人，一起打败过怪物，还搬动过山脉，但他们渴望更多的名望和财富。于是，有一天，他们无视众神的警告，前往众神之乡——迷人的雪松森林，杀死了可怕的护林神洪巴巴。

　　吉尔伽美什得胜后返回乌鲁克，在河里沐浴，而后穿上精美的长袍，戴上金色的

王冠，祭拜太阳神沙玛什，并献上祭物，感谢神明庇佑他取得胜利，平安归来。他沉浸在荣耀里，没注意到迷人的爱神伊什妲尔正看着他。

伊什妲尔说："吉尔伽美什，你勇敢英俊，举世无双，求你娶我为妻吧。如果你愿娶我，我将为你造一辆金轮战车，让最迅捷的风暴恶魔供你驾驭。如果你做我的丈夫，所有的国王和王子将向你俯首称臣。"

吉尔伽美什看着妖媚美丽的伊什妲尔，微微一笑。

他说："女神殿下，我真是受宠若惊。但我还是得拒绝你！你是我永远崇拜的女神，但我不能娶你为妻。一旦你对爱过的人失去兴趣，就会把他们抛在一边。你把他们变成动物，比如，狼和鼹鼠，或者任由他们心碎。"

伊什妲尔听到他的话，火冒三丈，怒不可遏。她冲到天堂，跪在父亲脚下，哭诉起来："我的父亲，吉尔伽美什羞辱了我，他必须付出代价，受到惩罚。请赐我天之公牛古伽兰那，我要让他万劫不复。"

她的父亲天空之神安努答道："我亲爱的女儿，要点别的吧，这个不行。如果我给你天之公牛，乌鲁克将经历七年大旱，颗粒无收。无辜的民众会挨饿而死。你有没有想过，这样做会带来怎样的苦难？"

"那座城市粮草储备充足，足以供给人和动物。"伊什妲尔嘶喊着说，"还有，如果你不给我天之公牛，我就去打开地狱大门，把所有死灵都放出来。"

面对女儿冰冷彻骨的威胁，伟大的安努不禁打了个寒战。他知道伊什妲尔不达目的誓不罢休。于是，他心情沉重地把天之公牛交给了女儿。

伊什妲尔领着公牛来到了乌鲁克的城门前。城里的人们预感到大祸临头，他们躁动不安，恐惧万分。城门口传来警卫的喊叫——世界末日来了。吉尔伽美什和恩启都站在城墙上，惊恐地看着伊什妲尔领着大象般的公牛来到河边。公牛的喘息震得房屋摇摇晃晃，坍塌成泥，巨蹄踏出巨大的地缝，吞没了千百人。

公牛从城墙下跑过，恩启都闪电般跳落到它巨大的双角之间。公牛吼叫踢打，上蹿下跳，恩启都竭尽全力抓住公牛的角不放。这时，吉尔伽美什手执闪耀的宝剑跳下，落在他们旁边。恩启都正被公牛粗绳般的尾巴鞭打，他大叫着："快！这是我们扬名立万的好机会，砍它的脖子和角。"

金光一闪，吉尔伽美什挥剑砍下，公牛大吼一声，口吐血沫，它浑身是血，摇摇晃晃倒地而亡。民众们欢呼起来，骄傲的女神伊什妲尔无法接受现实，她怨恨地号叫着，咒骂着杀牛人，诅咒乌鲁克陷入多年的旱灾。

吉尔伽美什不为所动，他站在公牛的尸体旁，欣赏着青金石色的巨大牛角，命令王家甲兵卸下牛角，然后用牛角装满油，先向众神献祭。

他说："从今天起，牛角将悬挂在我的宫殿里，时刻提醒我要牢记这一刻。我诛杀了天之公牛，跻身英雄之列。"

当晚，宫中举办盛宴，庆祝活动一直持续到深夜。伊什妲尔依然站在城墙上哭号，筹划着复仇。夜里，恩启都沉沉睡去，他陷入了可怕的噩梦，无法醒来。在梦里，众神下令，杀死天牛者必须受到惩罚，吉尔伽美什或恩启都必须死。很多次，恩启都想说话，或举起手臂反抗，但在梦中，他说的话别人听不到。随后几天，恩启都病倒了，他高烧不退，汗如雨下，脑如刀绞，吉尔伽美什眼睁睁地看着，却无能为力。恩启都在最亲近的朋友身边死去了，吉尔伽美什痛哭流涕，痛苦不堪。

几周过去了，吉尔伽美什一直在哀悼他的好友，在悲痛中撕扯着自己的衣服和头发。面对死亡，他开始担心自己的生命。于是，他离开乌鲁克，发誓要找到永生的秘诀。他要找到乌特纳匹什提姆——有史以来唯一被诸神赐予永生的人。寻找的旅程严峻又漫长。最终，吉尔伽美什越过死亡之河，找到了这位比时间还老的老人。

吉尔伽美什说：“伟大的乌特纳匹什提姆，我走了很远的路，穿越火与霜，迎战诸恶魔，终于找到了您。求求您，告诉我永生的秘诀。我不想死，我不能死。”

睿智的乌特纳匹什提姆慢慢摇了摇头。他说：“吉尔伽美什，你是一位伟大的国王，但再伟大的国王，总有一天也得死。众神不想让你永生，他们绝不允许。时间长也好短也罢，你必须充分利用它。我的孩子，我不能实现你的愿望，但我可以告诉你一个秘密。在海底，有一种长着尖刺的植物。如果你能找到它，它就能让你重获青春。”

时不我待，吉尔伽美什立刻出发。他蹚过湍急的河流，抵达遥远的大海。他跳入海中，越潜越深，一直潜到海床。他在脚踝处绑上岩石，以免被洋流冲走。他搬开岩石，发现了那棵神奇的长着绿叶和棘刺的植物。他一把抓起它，浮到海面，胸腔差点儿因缺氧而爆裂。

是时候返回干旱肆虐的乌鲁克了——吉尔伽美什应当重履国王的职责。他的子民正在遭受苦难，他们需要国王时，国王抛下了他们。于是，他踏上了漫长的归途。回途中，疲惫不堪的吉尔伽美什看到一个凉水池，便小心翼翼地将植物放下，决定去池塘里洗个澡。他做起美梦，梦回家乡，谁知从岩石的缝隙中，爬出来一条舌头分叉的蛇，把植物吃得一干二净。吉尔伽美什绝望地哭了。难道这趟白跑了？难道他付出的努力没有任何回报？

　　然而，当吉尔伽美什回到乌鲁克，看到他心爱的城市、熟悉的建筑和屋顶时，他终于明白了乌特纳匹什提姆所说的真谛。从今天起，他将好好度过余下的时光，将国家治理得更繁荣，以此来纪念他最亲爱的朋友恩启都。

☆天狼星☆

天堂里的狗

印度传说

天狼星又叫犬星，是夜空中最明亮的恒星。它的出现标志着古埃及尼罗河的汛期就要来临，也意味着古希腊夏季最炎热的那几天就要到了。在古代印度，它被称为"斯旺纳"，神明用它来检验国王是否善良。

多年来，尤帝士提尔国王圣明地治理着国家。他精通统治之道，因善良和谦卑受到民众的爱戴。但绵延多年的战争给国家带来了很多灾难，国王老了，感到力不从心，对此生的眷恋也不再强烈。

他的四个弟弟也萌生了同样的想法，于是他们决定放弃世俗生活，攀上冰雪覆盖的喜马拉雅山脉，去往天堂。尤帝士提尔将王位传给了孙子，为了纪念这一重要时刻，

还举办了隆重而华丽的加冕典礼。随后，兄弟们跟大家告别，一起离开了王国。他们赤着脚，穿着简朴的白袍，踏上了意义非凡的终极旅程。

当他们抵达喜马拉雅山时，一只棕色的小狗加入了他们的行列，一直跟着他们。没有人知道它的来历。它忠实地跟随着尤帝士提尔，从不离开他左右。兄弟们称它为"斯旺纳"，因其忠诚而加倍善待它。

他们爬得越高，就越吃力。山坡陡峭，空气稀薄，兄弟们年老体衰，一个接一个倒在路旁死去，只剩下尤帝士提尔。他带着忠诚的小棕狗，奋起余勇，越爬越高。

终于，他们登上了世界屋脊，目之所及让尤帝士提尔大为吃惊。阳光普照，白雪皑皑的山脉往四方曼延。幽暗山谷里，河水奔流，在阳光下熠熠生辉。在这明亮的雪景中，一个更为耀眼的光影出现了，那是天国之主——因陀罗，他正驾着镶满钻石珍珠的璀璨战车疾驰而来。

他说："好人尤帝士提尔，你怎么走了这么久？我一直在等你。"

尤帝士提尔答道："请原谅我，我的主，我一直在赶路，但我年纪大了，走得慢。"

因陀罗说："来吧，登上我的战车。我带你去天国。"

尤帝士提尔顿时松了一口气，漫长旅途的艰辛和疲惫一扫而空。他正准备登上战车，这时，小狗在旁边又蹦又跳。

因陀罗说："不，狗不能来，天国里没有狗的位置。"

尤帝士提尔哀伤起来："那也没有我的位置，我的其他同伴都死了，只有这狗一直忠实地陪着我，我不会抛下它。"

他爬下战车，环顾四周，呼唤斯旺纳，却再也找不到它。

"那只小狗是你的父亲达摩，"因陀罗对困惑的国王笑着说，"我派它去检验你是否善良，而你出色地通过了考验。善行始于微末，而又彰显宏伟。"

于是，国王登上因陀罗的战车，飞驰上天，奔向天堂。而忠犬斯旺纳也在星空中获得了荣耀的席位。

☆银河☆

牛郎织女鹊桥会

中国民间传说

银河两边，闪耀着两颗灯塔般的星星：织女星和牛郎星。牛郎织女是一对忠贞不渝的爱人，他俩的故事是不朽的爱情悲剧，每年，他们只能在鹊桥上相会一次。

很久很久以前，有两兄弟，他们大吵了一架，哥哥把弟弟赶出了家门。弟弟四处流浪，无家可归，饥肠辘辘。一位好心的农夫收留了弟弟，让他负责放牛。从此，男孩和牛成了最好的伙伴，他们白天一起在山上游荡，晚上一起睡在牛棚的草堆上。

一年又一年，突然有一天，老牛转过头对男孩说起了话，低沉的嗓音吓了他一大跳："我的好伙计，你尽心尽力地照顾我，可是我已经老了，在地上的日子就快到头了，很快我就要回到天上，重列星班。但我在走之前，想看到你有个好姻缘。"

男孩心慌意乱，不知道如何回答。他一个女子都不认识，更不用说会有谁愿意嫁给他。

生于天庭的老牛继续说："你仔细听我说，然后照我说的去做。今天是七月初七，也只有在今天，天上的仙女才会与凡人相遇。今夜，天庭的织女们会到河中洗浴。排行第七的织女穿着红衣裙，你悄悄地躲在河边，把红衣裙偷走，织女就会嫁给你。记住我说的话，你现在就出发吧，别误了时间！"

牛郎惊讶得说不出话。他听从老牛的建议，在傍晚时分赶到了河边。牛郎躲在树后，果然看到仙女们在河里泼水嬉戏。他按老牛的指点，悄悄爬过去，偷走了织女的红衣裙。天黑了，仙女们要回到天庭，继续履行职责——在天空中编织出五彩缤纷的云朵。然

而，织女怎么也找不到自己的红衣裙，其他仙女都飞走了，只剩她自己。织女被落下了，正独自伤感，牛郎看到了，便从树后走了出来，他结结巴巴地说："天上最美的仙……仙女，只要……你答应嫁……嫁给我，我……我就把衣服还给你。"

一开始，织女愤怒地拒绝了，但慢慢地，织女越看牛郎，就越觉得他善良诚恳，最后答应嫁给他。织女的姐妹们回天庭去了，她则跟随丈夫留在了人间。小两口儿恩爱非常，生了两个小宝宝，幸福美满。但好景不长，王母娘娘发现最小的女儿失踪了，非常生气。她用意念在大地上搜寻，终于找到了织女。

王母娘娘怒吼着："我绝不允许仙女嫁给凡人，这触犯了天条！"她的呵斥声如雷霆，划破了天空。王母娘娘厉声下令，派遣天兵天将给织女传信：必须立刻返回天庭，

履行职责，否则将处死牛郎和孩子。织女伤心欲绝，却别无他法，只能服从王母娘娘的谕旨。她泪流满面，告别丈夫和孩子，跟着天兵天将走了。

牛郎立即将一双儿女放在篮子里，爬到忠实的老牛背上。老牛驮着他们，高高地飞上天空，直达天庭，来到王母娘娘的宝殿上。牛郎跪在王母宝座前，哀告求情："王母娘娘，求您发发慈悲吧！让我见见我的妻子。我们成婚后，过得幸福美满，求您别把我们分开。"

王母娘娘表情狰狞、怒不可遏，她一言不发，从头发里拔出一根铮亮的发簪，飞速一掷。发簪飞出，撕裂了天空，巨大的银色星河奔涌而出。河这边是悲伤的织女，河那边是她的丈夫牛郎，他们注定要永远分离。不过铁石心肠的王母娘娘还是发了点儿慈悲，每年七月初七，在人间给人们带来好运的喜鹊会飞到天上，在银河上架起神奇的桥，让牛郎和织女得以再次相会。

☆银河☆

独木舟星群

毛利人传说

夜空里，散落的点点星辰汇成一条明亮的光带，整夜都在挥洒光芒。光带上点缀着无数星星，仔细看的话，你也许能看到其中有一条独木舟，在天海中安然驶过。

很久很久以前，夜空中没有星星，黑暗深重，人们走路跌跌撞撞。只有塔尼瓦——大自然的守护精灵，能在黑暗里行走自如。白天，它们躲在黑暗的洞穴和水潭中，到了夜晚，它们潜伏在黑暗中诱捕猎物，连人类也不放过。

有个勇敢的战士叫塔玛·雷雷蒂。一个温暖明媚的早晨，他决定去附近的湖里钓鱼。他带上渔线和鱼饵，划上独木舟，很快就到了最常去的钓鱼地点。几小时后，他的篮子里装满了鱼，准备回家吃早饭。这时，风变小了，他只能躺在独木舟里，等风再起。

波浪轻拍，塔玛·雷雷蒂困意袭来，他打起瞌睡，没多久，就枕着海浪声睡着了。

突然，塔玛·雷雷蒂惊醒了。他已经睡了好几个钟头。就在他睡着时，独木舟随风漂到了湖的尽头。现在，他离家很远，天也越来越黑，如果他不能在日落之前回到家，夜幕降临后，塔尼瓦又会出来四处觅食了。塔玛·雷雷蒂有些饿了，他需要恢复体力。于是，他将独木舟拖上湖滩，停放在光滑的银色鹅卵石上，点起篝火烤鱼。他的目光为鹅卵石闪烁的微光所吸引，为舞动的火焰所吸引。

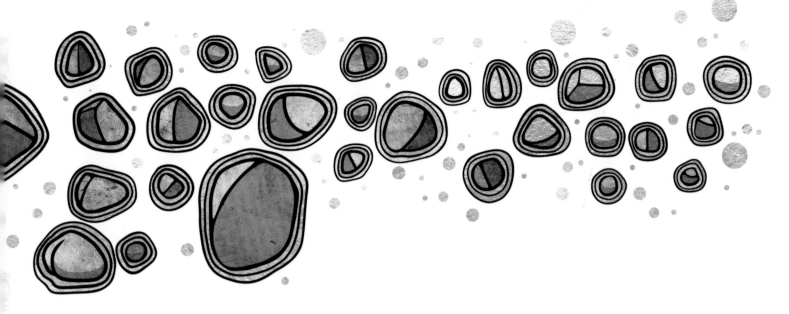

　　黑夜正在迅速降临，塔玛·雷雷蒂明白，他必须马上想出办法。这时，他有了一个主意。他在独木舟里尽可能多地装上发光的鹅卵石，然后将它推下水，自言自语道："我不回家了，我要沿着大河航行，直到抵达天堂。"

　　就在太阳落入地平线下，黑暗降临大地之时，塔玛·雷雷蒂划着独木舟驶向天河。他一边航行，一边把鹅卵石撒出去。鹅卵石散布在四面八方，成了闪亮的星星。就这样，火炬般的灿烂星光照亮前路，他能在黎明前回到家了。

　　塔玛·雷雷蒂终于回到家，发现天空之神兰吉努伊正等着他。他虽然是勇敢的战士，却害怕兰吉努伊责罚他乱扔东西。但伟大的天神看到天空如此明亮，很高兴。他说："谢谢你急中生智，不仅大地更安全，夜空也更美丽。为了让人们记住你的善行，你的独木舟将置于群星之中，直至永久。"时至今日，独木舟依旧在夜里安然航行。

☆猎户座腰带☆

希娜与鲨鱼

汤加传说

太平洋上空，另一艘独木舟优美地划过天空，鳞光闪闪的鱼群伴随左右。而独木舟的主人们却躺在海底深处，海浪拍打着珊瑚礁，他们辗转难眠。

汤加岛上流传着一位美丽的贵族女孩和鲨鱼的故事。她喜爱那条鲨鱼，却失去了它。女孩的名字叫希娜，她还有三个兄弟，他们住在精美的房子里。父母非常宠爱这唯一的女儿，无论她想要什么，他们都会给她。

有一天，男孩们和父亲划着独木舟去钓鱼，在礁石上发现了一条小鲨鱼。在汤加，鲨鱼被人们尊为神灵的礼物，受到人们的敬畏与崇拜。男孩们正要投出高举的长矛，父亲喊道："别杀它，我们把它送给希娜做宠物。"

他们在靠近海岸的地方为鲨鱼围渠造池，让鲨鱼可以在那里游泳，希娜还来给它喂食。希娜每天都和新伙伴聊天、玩耍，鲨鱼游过，她会轻抚它灰色光滑的脑袋。日子一天天过去，鲨鱼越长越大，希娜也越来越喜欢它。

　　一天晚上，乌云密布，狂风骤起，暴风雨席卷了希娜所在的小岛，人们纷纷逃跑避难。狂野的海浪拍打着岸堤，击碎了礁石。鲨鱼不见了。有人说它被冲入大海，有人说它终于获得自由。

　　希娜悲伤不已，哭了好几天，她恳求父母划独木舟带她去找心爱的宠物。于是，风浪刚刚平静下来，父母和女儿三人就划起小舟驶往广阔的大海。他们在起伏的大海上到处搜寻，希娜高声呼喊着。终于，希娜高兴地看到，一片鱼鳍突然冒出水面。毫无疑问，这就是那条鲨鱼——希娜立刻认出了它。

　　她高兴地喊起来：“回到我身边来吧！我们给你重新建一个泳池。”

　　但鲨鱼在辽阔大海中畅游无阻，它已经尝过自由的滋味，不想再回来。希娜舍不得再次与朋友分离，她跃出船帮，跳入海中，变成了礁石。暴风雨来临时，鲨鱼可以在那里藏身。宠爱她的父母紧随其后，他们的独木舟则升入天空，变成了阿洛特鲁星群的“三人同船”星座，也就是猎户座腰带。

mǎo
☆ 昴星团 ☆

七姐妹

澳大利亚原住民传说

黑夜中，昴星团七颗明亮的星星如灯塔般闪耀着。在澳大利亚的原住民眼中，她们原是大地上的七个姐妹，后来化身为明亮的星星。

在梦幻时代，大地上住着七个精灵姐妹，叫卡拉特古克。七姐妹共同守着一个巨大的秘密——她们每人都有一根挖掘棍，棍子末端镶着煤，可以用来生火。人类和动物对她们能够生火这件事嫉妒得要命，她们则严守着火煤，决不泄露生火的秘密。她们用火取暖，还用火将每天早上从地里挖来的山药煮熟来吃。

一天，狡猾的老骗子乌鸦悄悄接近七姐妹，从她们那儿偷走了一块煮熟的山药。这山药比它以前吃过的任何东西都美味。它再次恳求七姐妹分享生火的方法，但七姐

87

妹拒绝了，还将它赶走。乌鸦气急了，跳来跳去，尖声大叫，发誓要用计窃取秘密。于是，狡猾的乌鸦用它尖利的黑嘴抓来几条蛇，把它们藏在蚁丘中。"看看我发现了啥！肥美多汁的蚂蚁幼虫！比山药好吃多了，量大管饱。"乌鸦向七姐妹夸张地喊道。

蚂蚁幼虫可是七姐妹最喜欢的食物，她们拿起棍子开始挖，挖着挖着，蛇扭动着爬了出来，咝咝地叫着咬人。七姐妹尖叫起来，用力地击打蛇，炽热的煤块从挖掘棍末端飞了出来。乌鸦的诡计得逞了！它赶紧收起煤块，藏在袋鼠皮袋中。七姐妹发现煤丢了，她们吓坏了，赶紧追赶乌鸦，但乌鸦盗贼拍拍翅膀，飞到高高的树顶，她们怎么也够不着。

老鹰目睹了这一切，它对乌鸦喊道："乌鸦兄弟，给我一些煤，我好把负鼠煮熟。"

乌鸦答道："老鹰兄弟，你给我负鼠，我帮你煮。"

秘密传开了，很快，乌鸦的树边聚集了大批动物，要求它把火种分享出来。喧闹声越来越大，乌鸦吓坏了，它把燃烧的煤扔向兽群。大火燃烧起来，噼啪作响，席卷丛林。乌鸦羽毛被烧得像烟灰一样黑，直到今天仍旧如此。大火咆哮着，威胁着要摧毁这片土地。终于，雨下起来，火势不再蔓延。七姐妹卡拉特古克的秘密完全泄露了，她们被卷上天空。而那些依旧发着光的挖掘棍，变成了七颗闪耀的星星。

☆太阳☆

ér miáo

鸸鹋蛋与太阳

澳大利亚原住民传说

很久很久以前，大地上还没有人类之前，就有了动物，其中就包括鸟类。它们比今天生活在大地上的动物和鸟类要大得多。天上没有太阳，只有月亮和星星。

一天，平原上发生了激烈的冲突，鸸鹋代万和澳洲鹤布拉加又打又闹，厉声尖叫，羽毛乱飞。布拉加一怒之下，冲向代万地上的巢，叼出一个巨大的鸸鹋蛋，使尽全力把蛋扔向天空。鸸鹋蛋被抛到了天上，落在一大堆柴火上，裂开了，蛋黄洒了出来，点着了柴火。火光照亮了整个世界，在昏暗中生活的动物为炽热的光芒目眩神迷。

就这样，太阳诞生了。

云中人恩高登瑙看到天火燃烧时大地是如此之美，他说："我每天都要生火，不让白天再次被黑暗笼罩。"

晚上，大火熄灭后，他走进森林，收集柴火堆起来。等到柴火堆得足够高，他便让晨星出发，警告大地上的生灵：大火即将点燃，带来玫红色的曙光。尽管晨星闪亮，但还是不够。熟睡的生灵醒不过来，看不见它，无法目睹白昼到来。于是精灵们决定去找一个足够响亮的声音来唤醒沉睡的生灵，宣告新的一天的开始。哪种声音是最好的？它们为此争论了很久很久。一个早晨，它们听到笑翠鸟的笑声，响彻云霄，大家这才达成一致：这正是我们需要的声音，它能唤醒睡得最沉的人。

于是，它们要求笑翠鸟，每天凌晨，一旦晨星退隐，必须笑出最大的声音。如果它不这样做，太阳之火就会熄灭，大地会再次陷入昏暗。骄傲的笑翠鸟没有令人失望，直到今天，在黎明前一小时，它总会发出最响亮的笑声。

"咕咕嘎嘎！咕咕嘎嘎！"它尽情歌唱，为世界留住太阳。

恩高登瑙每天都坚持点火，一大早，火势不是太旺。到了中午时分，柴火完全烧了起来，释放出巨大的热量。之后，火势越来越小，直到傍晚全部烧光，夜幕降临。最后，恩高登瑙用云层盖住炽热的余烬，以便在第二天重新点亮。

☆银河☆

天空中的鸸鹋

澳大利亚原住民传说

朝南十字星望去，也许你能看到一只长腿鸸鹋大步跨过星空。星星间的暗云是鸸鹋的头，脖子、身体和腿则由横扫星河的尘埃尾迹连接而成。

在无数年前的梦幻时代，一只鸸鹋被狂风卷向天空。它在广阔的天空中徘徊、迷失，不知过了多久，一直在寻找落脚地。它找到的第一个筑巢地点，是新月柔和的弯钩，但随着时间流逝，月亮变圆了，鸸鹋被挤出了月巢。

接下来，鸸鹋来到星星的营地，询问是否可以跟它们住在一起。为了决定鸸鹋的去留，星星们开了个会。它们思前想后，反复讨论，最后一致同意鸸鹋可以留下，但有一个条件——鸸鹋必须帮忙撑住天，减轻星星们的重负。

鸸鹋随风飘上天空，但它不会飞，无法重返大地，所以，它别无选择，只能接受星星们的提议：跟它们一起撑起天空，换取可落脚的地方。就这样，在星星最密集的那块天空，星星们推来挤去，挪出足够大的空间，让鸸鹋来共同分担天空的重量，于是鸸鹋在漆黑的星空中安顿了下来。

直到今天，鸸鹋还在那片天空上。有时，星星们会故意给它捣乱，想要试试它的力量。星星们会离它远一些，再远一些，让鸸鹋来承担更多的重量。如果你仔细听，会听到它和着隆隆的雷声呻吟抱怨。鸸鹋也有疲累的时候，这时，天空就会稍稍降下一些，一些星星就会被弹射出来，溅落到大地上。

星之神话：
世界最美星空故事集

[印]安妮塔·加内里 著

[英]安迪·威尔克斯 绘

空桐 译　杨丹 校译

图书在版编目 (CIP) 数据

星之神话：世界最美星空故事集 /（印）安妮塔·加内里著；（英）安迪·威尔克斯绘；空桐译 . -- 北京：北京联合出版公司 , 2021.12
ISBN 978-7-5596-5705-3

Ⅰ.①星… Ⅱ.①安… ②安… ③空… Ⅲ.①天文学—儿童读物 Ⅳ.① P1-49

中国版本图书馆 CIP 数据核字 (2021) 第 225192 号

Star Stories

Illustration by Andy Wilx
Text by Anita Ganeri

北京市版权局著作权合同登记号 图字：01-2021-5554 号

出 品 人	赵红仕
选题策划	联合天际
责任编辑	夏应鹏
特约编辑	邢 莉
装帧设计	王颖会

本作品简体中文专有出版权经由
Chapter Three Culture独家授权。

出　　版	北京联合出版公司
	北京市西城区德外大街 83 号楼 9 层 100088
发　　行	未读(天津)文化传媒有限公司
印　　刷	北京雅图新世纪印刷科技有限公司
经　　销	新华书店
字　　数	27 千字
开　　本	889 毫米 × 1194 毫米 1/12　8.5 印张
版　　次	2021 年 12 月第 1 版　2021 年 12 月第 1 次印刷
I S B N	978-7-5596-5705-3
定　　价	98.00 元

未读CLUB
会员服务平台

未小读
UnRead Kids
和世界一起长大